Himanshu Sharma
Arun Kumar Sharma
Shweta Saxena

# Estudo da remoção por adsorção de fenil comercial em cinzas volantes

Himanshu Sharma
Arun Kumar Sharma
Shweta Saxena

# Estudo da remoção por adsorção de fenil comercial em cinzas volantes

ScienciaScripts

**Imprint**



Cover image: www.ingimage.com

This book is a translation from the original published under ISBN 978-620-2-02776-2.

Publisher:
Sciencia Scripts
is a trademark of
Dodo Books Indian Ocean Ltd. and OmniScriptum S.R.L publishing group

120 High Road, East Finchley, London, N2 9ED, United Kingdom
Str. Armeneasca 28/1, office 1, Chisinau MD-2012, Republic of Moldova, Europe
Printed at: see last page
**ISBN: 978-620-8-09542-0**

# ESTUDO SOBRE A REMOÇÃO POR ADSORÇÃO DE FENIL COMERCIAL EM FLY-ASH

*Por:*

Sr. HIMANSHU SHARMA

Dr. ARUN KUMAR SHARMA

Dr. SHEWTA SAXENA

Para,

Meus queridos pais, Que se
preocupam com a
educação
& sempre constantemente
encorajar.

# PREFÁCIO

A proposta principal do nosso trabalho é a **utilização de cinzas volantes residuais, um subproduto de**

O objetivo do presente trabalho é investigar o potencial de sorção de uma cinza volante modificada e não modificada como material adsorvente de baixo custo para a remoção de fenil de um meio aquoso. A este respeito, a cinza volante é uma opção muito atractiva, porque é barata, está amplamente disponível e tem uma boa estabilidade mecânica para fins de manuseamento e utilização em colunas de adsorção. O efeito de vários factores, tais como o tempo de contacto, a dosagem de adsorvente, o pH, a temperatura e o adsorvente inicial. A concentração do adsorvente no processo de adsorção foi investigada sob a técnica de equilíbrio em lote usando espetrometria UV/Vis. Os resultados obtidos mostraram que a capacidade de adsorção de fenil pelas cinzas volantes depende do pH inicial e da concentração das soluções.

# RECONHECIMENTO

Atingir um objetivo sozinho é extremamente difícil para qualquer pessoa. No entanto, há motivadores que atravessam o caminho curvilíneo como estrelas cintilantes no céu e tornam a tarefa muito mais fácil. É meu humilde e principal dever reconhecer os esforços de todos eles.

É com imenso prazer que transmito os meus mais sinceros agradecimentos e um profundo sentimento de gratidão à minha orientadora**, a Dra. (Sra.) Shweta Saxena,** Professora, e ao Dr. (Sra.) Ashu Rani, Professor, Departamento de Química, Universidade de Kota, Kota, que, à custa do seu precioso tempo, me proporcionaram a sua inestimável orientação, a sua generosa ajuda e o seu infinito encorajamento, interessando-se pessoalmente pelo meu trabalho. Não há palavras que possam transmitir plenamente o meu sentimento de respeito e consideração por ela.

Estou muito grato à Dra. Neelu Chouhan, à Dra. Bhawani Singh, à Dra. Shweta Vyas, ao Dr. Sushil Kumar Sharma, ao Sr. Ankit Sharma e à Dra. Bhartiya Sharma, do Departamento de Química da Universidade de Kota, Kota, pela sua valiosa orientação, apoio moral e encorajamento em cada um dos passos desta árdua tarefa.

Agradeço ao meu superior **Dr. Arun Kumar Sharma** (Docente Convidado) do Departamento de Química Pura e Aplicada da Universidade M.D.S. de Ajmer Raj. Índia, por me ter sempre ajudado e apoiado na prossecução da investigação. Agradeço também aos meus colegas de investigação (Menina) Shefali Saxena, (Sr.) Hariom, (Menina) Renu Hada, (Menina) Khushboo Srivastava, (Menina) Stuti Katara pelo seu grande nível de coordenação, cooperação e apoio moral. Expresso os meus mais sinceros agradecimentos e gratidão ao meu pai, Sr. C.P. Sharma, à minha mãe (Sra.) Vimla Sharma, à minha mulher (Sra.) Vijay laxmi (professora do Governo), ao meu irmão, Sr. Umesh Kumar Sharma (professor), à minha irmã Doli, Tanvi, Razi, cujas mãos amigas são sempre uma fonte de força para mim. Reconheço igualmente a ajuda e o apoio de todos aqueles cujos nomes foram inadvertidamente omitidos

**HIMANSHU SHARMA**

# ÍNDICE

## CAPÍTULO-1

# *PERSPECTIVA*

FOI APRESENTADA *UMA* REVISÃO DO FENIL. INCLUI UM RESUMO DO FENIL, PREPARAÇÃO DO FENIL, MATÉRIA-PRIMA DO FENIL, MÉTODOS, COMPOSIÇÃO, INFORMAÇÃO CLÍNICA, TRATAMENTO DA TOXICIDADE, POTENCIAL DO FENIL E RESUMO DAS CINZAS VOLANTES, JUNTAMENTE COM REFERÊNCIAS ADEQUADAS.

A utilização de compostos orgânicos como o fenil em indústrias como as de corantes, produtos farmacêuticos, pesticidas, agricultura, curtumes, etc., constitui uma preocupação crescente para os ambientalistas, devido ao efeito tóxico destes compostos para os seres aquáticos e humanos. No entanto, estes tóxicos entram na corrente aquosa através das descargas destas indústrias e dos resíduos municipais [1,2](walter e Luthy,1984: Mckay et.al., 1985).

As águas residuais que contêm compostos fenólicos constituem um grave problema ambiental e não podem ser simplesmente libertadas no ambiente sem tratamento. A natureza tóxica e perigosa dos fenóis e dos seus derivados está bem documentada [3,4,5,6](Greminger et al., 1982; Brandt et al., 1997; Bulbul et al., 1997; Denizli et.al., 2004) e pode causar vários problemas de saúde[7] (Slein e Sansone, 1980). Os compostos fenólicos foram classificados como poluentes de alta prioridade pela EPA [8] dos EUA (Environment Protection Agency, 1984). Os compostos fenólicos estão normalmente presentes nas águas residuais geradas pelas indústrias de tintas, solventes, petroquímica, conversão de carvão, farmacêutica, plásticos, ferro-aço e papel e pasta de papel.

A presença de fenil e seus derivados nas águas residuais é motivo de grande preocupação devido à sua toxicidade e à ameaça que representam para a vida humana e para o ambiente. A sua origem é tanto antropogénica como xenobiótica. As fontes xenobióticas são resíduos industriais derivados da extração de combustíveis fósseis, indústrias de processos químicos, tais como fábricas de fenol, indústrias farmacêuticas, indústrias de transformação de madeira e fábricas de pesticidas [9, 10](Fawzi et al.,2000: Nagda et al.,2007). As fontes antropogénicas são os incêndios florestais, as escorrências naturais de áreas urbanas onde o asfalto é utilizado como material de ligação e a decomposição natural de materiais lignocelulósicos [11]Kumaran(1986). O fenol e os seus derivados são considerados poluentes nocivos porque são tóxicos e nocivos para os organismos vivos a baixas concentrações. A utilização de águas contaminadas com fenol provoca degeneração proteica, vómitos, urina de cor fumada, paralisia do sistema nervoso central e também danifica os rins, o fígado e o pâncreas no corpo humano[12] Kumar e Min(2011). O fenol a uma concentração tão baixa como 5,0x103 mg/I transmite um cheiro típico após a cloração e é por isso que a OMS (1984) prescreveu uma concentração de 1,0x103 mg/I como a concentração de orientação para a água potável. A eliminação de compostos fenólicos é, portanto, uma necessidade para preservar o ambiente

qualidade. O objetivo do presente trabalho é investigar o potencial de sorção de uma cinza volante em pó para a remoção de fenilo de um meio aquoso. O efeito de vários factores, como o tempo de contacto, a dosagem de adsorvente, o pH, a temperatura e o adsorvente inicial. A concentração no processo de adsorção foi investigada segundo a técnica de equilíbrio por lotes utilizando espetrometria UV/Vis. Espectrometria.

## Fenil -

O fenil é uma emulsão de óleo de creosote ligeiro e água com sabão. O óleo de creosote contém ácido carbólico, cresol e outros homólogos de fenol que exercem o necessário poder germicida. A incorporação adequada de óleo de creosote ou a adição adicional de fenol, ácido cresílico ou outros produtos químicos anti-sépticos é essencial para atingir o coeficiente de ácido carbólico exigido para o produto. Para além de possuir o poder germicida correto, o fenil deve manter-se sem separação durante qualquer período de tempo, quer esteja exposto ou não. Quando vertido em água, deve dispersar-se facilmente sem agitação. Quando suficientemente diluído, deve formar uma emulsão branca leitosa espessa. É assim que um comprador comum avalia geralmente a qualidade deste desinfetante. O fenil, para além da sua utilização no sector doméstico, nos albergues e restaurantes, na cozinha,

O fenil é utilizado em quantidades consideráveis por instituições como hospitais, lares de idosos, dispensários e municípios. É necessária uma licença do controlo estatal dos medicamentos para fabricar fenil. Atualmente, este produto é fabricado de forma limitada em Hyderabad. A unidade propõe-se fabricar fenil, que é um desinfetante fluido que destrói os organismos patogénicos. O fenil é um forte desodorizante e germicida para desinfetar áreas que abrangem locais como hospitais, lares de idosos, esgotos, lavabos, casas de banho, estábulos e é amplamente utilizado para fins de saneamento.

É notificado como um medicamento ao abrigo da lei relativa aos medicamentos e, como tal, é necessária uma autorização prévia e uma licença da autoridade de controlo dos medicamentos para a sua produção. Trata-se de uma mistura de fenol e cresóis utilizada como desinfetante com espetro de ação contra bactérias gram-positivas, gram-negativas e micobactérias. Não tem atividade contra vírus, fungos e esporos. O âmbito para o fabrico deste desinfetante deve ser preparado como sabão macio. Este é primeiro dissolvido em água e depois o óleo de creosoto é adicionado à emulsão. É necessário ter muito cuidado durante o processo de saponificação do óleo com o álcali. O calor deve ser regulado com muito cuidado e deve assegurar-se que a chama não entra em contacto com a superfície do óleo. O aumento súbito da temperatura pode também ser acompanhado de um inchaço da massa e do seu posterior transbordamento, o que deve ser evitado. Os processos de fabrico do fenil são os seguintes, por etapas

(A) Especificação de óleos gordos e colofónia

(B) Preparação de sabão mole por adição de uma solução em ebulição de soda cáustica à mistura de óleos gordos e colofónia.

(C) Dissolver o sabão mole em água quente e adicionar cresol e cresol.

(D) Enchimento de garrafas.

## Matéria-prima de Fenil-

As principais matérias-primas necessárias são o creosoto cresílico e o cresol, que são líquidos fenólicos; a composição típica das matérias-primas é a seguinte

| | [Peso (%)] |
|---|---|
| Cresol cresílico (27%fenol ) | 68,0 |
| Cresol (99% fenol) | 7.0 |
| W.W. Rosin9 | .0 |
| Óleo de soja4 | .0 |
| Soda cáustica2 | ,5 |
| Água4 | .5 |
| Óleo de rícino5 | .0 |

Seguem-se as matérias-primas geralmente utilizadas no fabrico de fenil comercial.

- Resina de amarelo pálido a castanho escuro.
- Soda cáustica
- Óleo de rícino
- Óleo de creosoto leve com 25 a 30 % de ácido carbólico

# PREPARAÇÃO DE FENIL-

1 . Pesar separadamente o material de acordo com as quantidades indicadas na fórmula.

2 Prepare a solução de soda cáustica, coloque as quantidades necessárias de resina e óleo de rícino numa panela. Em seguida, aqueça o material acima até que esteja dissolvido. Adicionar lentamente a solução de soda cáustica à massa acima dissolvida. Deve-se ter cuidado para que a massa não transborde da panela, para controlar isso, adicione a solução de soda cáustica pouco a pouco. Desta forma, quando a maior parte da solução de soda cáustica estiver misturada, a ebulição diminui lentamente. Adicionar agora a restante solução de soda cáustica e continuar a ferver durante cerca de 15 minutos.

3 O aquecimento deve ser continuado até que a reação esteja completa, o que pode ser determinado pela adição de algumas gotas a um copo de água, quando deve resultar uma solução branca.

4 Agora misturar a água e ferver. Deixar a solução ferver um pouco apagando a primeira e depois transferi-la para um tambor de aço e misturar o óleo de creosoto leve mexendo. Fechar o tambor e deixar arrefecer durante um dia, quando o produto estiver pronto a ser utilizado. O produto é um bom tipo de fluido, quando um pouco deste é adicionado a um copo de água, produz imediatamente uma emulsão branca leitosa espessa com bom odor.

## COMPOSIÇÃO DE FENIL

- Colofónia - 3,63 kg
- Soda cáustica900 gm
- Água para soda cáustica dissolvida9 litro
- Óleo de creosoto leve9 litros
- Água27 litros
- Óleo de rícino2 ,72 kg

Actua por rutura das membranas celulares e desnaturação dos constituintes celulares. O fenil é barato e pouco eficaz. Pode ser utilizado na conservação de resíduos orgânicos. A sua atividade diminui em meio alcalino$_P$ H, não é compatível com agentes tensioactivos catiónicos e é demasiado tóxico para ser utilizado como anti-sético na pele, devendo a duração do contacto ser longa (6-12 horas). É um desinfetante de resíduos - os resíduos infecciosos como a expetoração, a urina, as faces, etc., e os fluidos corporais podem ser desinfectados antes de serem eliminados e é um desinfetante para casas de banho, pavimentos, lavatórios, etc,

Em caso de ingestão - corrosão local, dor, náuseas, vómitos, suores, diarreia, depressão do SNC, insuficiência circulatória e respiratória, edema pulmonar e lesões do miocárdio, disfunção hepática e renal.

Em caso de ingestão, a lavagem gástrica deve ser efectuada com água e azeite (ou outro óleo vegetal) para retardar a absorção. Pode ser utilizado carvão ativado. Em caso de derrame sobre a pele - retirar a roupa contaminada, limpar o excesso e lavar bem a pele com água abundante, seguida de óleo vegetal.

Manter o doente quente.

A procura de fenil está a aumentar rapidamente devido à divulgação e à sensibilização para a importância da higiene. O segmento de mercado deste produto pode ser classificado da seguinte forma

(a) Agregado rural e urbano
(b) Setor da saúde pública
(c) Setor privado da saúde
(d) Outros.

Todos os sectores acima referidos estão a aumentar rapidamente em termos de número de unidades nos dias de hoje. No entanto, o número de unidades de produção de fenil é praticamente insuficiente para satisfazer a procura. Por conseguinte, existe a possibilidade de criar cerca de 10 a 12 unidades na região nordeste.

## Efeito do fenil

Tendo em conta estas descargas de compostos tóxicos em ribeiros, rios e lagos, a água tem de ser purificada através de várias técnicas, mas a técnica de adsorção é amplamente utilizada devido à sua elevada taxa, elevada capacidade de absorção, baixo custo e regeneração[1] 3(Saleem et.al., 1993). A adsorção de compostos orgânicos na superfície de cinzas volantes foi amplamente estudada por outros trabalhadores 4 5[1,1,16,1] 7(Uranowski,1998; Tanju e Janes,1999: lin e Liu,2000:Yu e Chou,2000). A adsorção de fenil e seus análogos de água contaminada em cinzas volantes foi investigada[18] (Sakar e Acharya, 2006). A adsorção

Foi examinado o potencial das cinzas volantes como substituto das cinzas volantes activadas

19
(Aksu e Yener, 1999). Os resultados obtidos mostraram que a capacidade de adsorção de fenil pelas cinzas volantes depende do PH e da concentração iniciais.

O efeito da modificação da superfície das cinzas volantes na adsorção de fenilo foi estudado por investigadores anteriores 20 2[, 21, 2, 23] (Biniak et.al.1989: Kaneko et. Al., 1988: Asakwa Et.al.1985: Zawadzki, 1988), tendo-se observado que a modificação da superfície tem um efeito pronunciado na adsorção.

Atualmente, são utilizados vários métodos para a remoção do fenilo e dos seus derivados das águas residuais, por exemplo, a degradação microbiana, a oxidação química, a incineração, a extração por solventes e a irradiação 7[24,25,26,2,28] (Munaf et al., 1997; Bertoncini et al., 2003; Khalid et al., 2004; Aksu, 2005; Denizli et al., 2005). No entanto, a tecnologia mais frequentemente utilizada é, de longe, a adsorção por uma fase sólida. Vários sólidos adsorventes diferentes, tais como cinzas volantes activadas[29,30] (Garcia-Araya et al., 2003; Nouri et al., 2002), sílica[31] (Hanna et al., 2002), pó de vidro[3] 2(Atun,1992), resinas poliméricas[33,34] (Wagner e Schultz,2001; Abburi, 2003), cinzas volantes[35,36,37,18,38,39] (Akgerman e Zardkoohi,1996; kao et al.,2000; Sarkar et al.,2005Sarkar e Acharya, 2006; Srivastava et al., 2006; Viraraghavan e Alfaro,1998), turfa[40,39] (Allen, 1987; Viraraghavan e Alfaro, 1998), caulinite[41] (Barhoumi et al., 2003) e zeólitos[42,43] (Koh e Dixon,2001;Sismanoglu e Pura,2001) foram todos propostos para remover poluentes fenólicos das águas residuais. A cinza volante activada é, no entanto, um material caro, pelo que muitas das outras alternativas sugeridas se tornam muito atractivas do ponto de vista do custo. A este respeito, a cinza volante é uma opção muito atractiva, porque é barata, está amplamente disponível e tem uma boa estabilidade mecânica para fins de manuseamento e utilização em colunas de adsorção.

A utilização de cinzas volantes como meio de remoção de metais pesados inorgânicos[44,45] (Bayat, 2002; Gangoli et al., 1975) e de compostos fenólicos orgânicos 3[35,36,37,18,38,9] (Akgerman e Zardkoohi, 1996; Kao et al., 2000; Sarkar et al., 2005; Sarkar e Acharya, 2006; Srivastava et al., 2006; Viraraghavan e Alfaro, 1998) foi já referida por vários outros investigadores. No entanto, a natureza das cinzas volantes é influenciada, entre outros factores, pela origem do carvão e pelas condições de combustão em que este se formou.

As cinzas volantes são materiais particulados produzidos a partir da combustão do carvão. A remoção de metais pesados de efluentes e águas residuais por adsorção em cinzas volantes tem sido estudada por vários investigadores. As cinzas volantes são materiais alcalinos fortes, que exibem um pH de 10-13 quando adicionados à água, e a sua superfície é carregada negativamente a um pH elevado. Assim, é de esperar que os iões metálicos ou os materiais orgânicos possam ser removidos de soluções aquosas por precipitação ou adsorção eletrostática.46 Bayat (2002,a e b) estudou a eficácia da remoção de Ni, Cu, Zn, Cr e Cd por cinzas volantes. [47]Alinnor (2007) trabalhou na remoção de $Pb^2$ + e $Cu^2$ + de uma solução aquosa utilizando cinzas volantes como adsorvente. [48]Mavros et al (1993) utilizaram dois tipos diferentes de cinzas volantes (provenientes dos campos de carvão de Kardia e Megalopolis na Grécia) para remover Ni de águas residuais. [49]Weng e Huang (1994) investigaram que as cinzas volantes podem ser utilizadas como um adsorvente eficaz para Zn e Cd para limpar águas residuais industriais diluídas. [50]Heechom et al (2005) registaram as caraterísticas de remoção de metais pesados de uma solução aquosa por cinzas volantes. A remoção de solventes tóxicos de ambientes poluídos pode ser conseguida através de várias técnicas, mas a técnica de adsorção é amplamente utilizada devido à sua elevada taxa, elevada capacidade de absorção, tratamento eficaz em soluções diluídas, baixo custo e regeneração. A adsorção é uma técnica fiável que permite obter resultados rápidos. A adsorção de compostos orgânicos na superfície das cinzas volantes tem sido objeto de estudos aprofundados. Foram efectuados muitos estudos para demonstrar a eficácia das cinzas volantes na remoção de materiais orgânicos de uma solução aquosa. A adsorção de fenol e seus análogos a partir de água contaminada em cinzas volantes foi investigada por[18] Sarkar e Acharya (2006). O potencial das cinzas volantes como substituto das cinzas volantes activadas foi examinado por[19] Aksu e Yener (1999). Os resultados obtidos mostraram que a capacidade da cinza volante para absorver fenilo depende do pH inicial e da concentração de fenilo. [51]Kumari et al. (1988) registaram a utilização de cinzas volantes para a remoção de fenilo. As caraterísticas mais importantes das cinzas volantes são o teor de cálcio, que proporciona alcalinidade ao sistema, elevando o pH para valores fortemente alcalinos (~12) e o teor de (SiO2+Al2O3+Fe2O3). O efeito da modificação da superfície das cinzas volantes em a adsorção de compostos orgânicos foi estudada por investigações anteriores [2122] ,[23] (kaneko et al, 1988, Asakwa et al, 1985, zawadzki, 1988) e observou-se que a modificação da superfície tem um efeito pronunciado na adsorção. Mas os trabalhos sobre as caraterísticas de remoção do fenilo de uma solução aquosa por cinzas volantes modificadas com ácido cítrico são muito escassos. O objetivo do presente estudo foi investigar a utilização de cinzas volantes modificadas e não modificadas como adsorvente de baixo custo para a remoção de fenilo de uma solução aquosa.

## REFERÊNCIA -

1 . Walter R.W.e Luthy R.G. (1984). "Equilibrium adsorption of polycyclic aromatic hydrocarbons from water onto activated carbon", **Environ. Sci. Technol. 18(6) pp. 395-403.**

2 . Mckay G; Bino M.J.e Altameni A.R. (1985). "The adsorption of various pollutants from aqueous solution onto activated carbon", **Water Res. 19(14) pp. 491-495.**

3 . Gremingeer DC, Burns GP, Lynn S, Hanson DJ e King CJ (1982) solventextraction of phenols from water.**Ind.eng.Chem.21 51-54**

4 . Brandt S, Zeng A e Deckwer DW (1997) Adsorção e dessorção de pentaclorofenol em células de *Mycobacterium Chlorophenolicum* **pcp-1**. ***Biotechnol. Bioeng*. 55 480-489**

5 . Bulbul G, Aksu Z e Turkish J (1997) Investigação do tratamento de águas residuais contendo fenol utilizando *P. putida* livre e imobilizada em gel de Ca-alginato num reator agitado em descontínuo. ***Turkish J. Eng. Environ. Sci.* 21 175-183**.

6 . Denizli *A*, Cihanger N, Tanger A, Taner M e Alsancak G (2004) Remoção de clorofenóis de soluções sintéticas utilizando Phanerochaete chrysosporium . ***Process Biochem*. 39 2025-2030.**

7 . Slein MW e Sansone EB (1980) degradation of Chemical carcinogens. **van Nstrand reinhold, Nova Iorque, EUA.**

8 . Agência de Proteção Ambiental (1984) métodos 04, fenóis no Registo Federal. **26 de outubro, Parte VIII,40, CFR, 58, EUA**

9 . Fawzi, A., Banat,f. e Al-Asheh,S.(2000). Biosorção de fenol por penas de galinha. **Environ Engg e política, 2, 85-90**

10 Nagda. G., Diwan, M e Ghole, S. (2007). Potencial dos resíduos de folhas de Tendu para a remoção de fenol em sistemas **aquosos** . **investigação ambiental,5 (2):1-9.**

11 Kumaran, P (1986). Desenvolvimento da biotecnologia do tratamento de resíduos tóxicos. **Proc.Symp.Env. Biologia do Ecossistema Costeiro, p.11-19.**

12 Kumar, N.S e Min, K. (2011) Remoção de compostos fenólicos de soluções aquosas por biossorção na casca de Acacia leucocephala **J.Chil.Chem.Soc. 56 (1): 539-545.**

13 Saleem M., Afzal M., Qadeer R. e Hanif J., Efeito da temperatura na adsorção de iões de zircónio em carvão ativado a partir de uma solução aquosa. **Proc.5[t] h Nat. Chem. Conf,Islamabad,Pakistan,319-324 (1993).**

14 Uranowski J.L., The effect of surface metal oxides on activated carban adsorption of phenolics. **Water Res, 32(6), 1841-1851(1998).**

15 Tanju k. e James E.K. Role of granular activated carbon surface chemistry on the adsorption of organic compounds.**environ.Sci.Technol, 33(18), 3217-3224(1999).**

16 Lin C.C. e Liu H.S.(2000). "Adsorção num campo centrífugo de adsorção de corante básico por carvão ativado", **Indus. Eng. Chem. Res; 39(1) pp.161-167**

17 Yu J.J. e Chou S.J., Investigação de remediação de locais contaminados e viabilidade de remoção de voláteis clorados por adsorção de fibra de carbono. **Chemosphere, 41 (3), 371-378(2000).**

18 Sarkar M. e Acharya K.P., Use of fly ash for the removal of phenol and its analogues from contaminated water. **waste Manage,26,559-570(2006).**

19 Aksu Z. e Yener J., Um estudo comparativo de adsorção/biossorção de fenóis

monoclorados em vários adsorventes. **Wast Manage, 1,695-702 (1999).**

**20** Biniak S; Maciej P; Swaitkowski A .e Stephen Z.(1989). "Effect of changes in the content of oxygen containing functional groups on activated carbon surface on the adsorption of benzene vapour", **Przem Chem. 68(10) pp. 468- 470.**

**21** Kaneko Y., Abe M. e Ogina k., Caraterísticas de adsorção de compostos orgânicos dissolvidos em água em fibras de carbono ativado de superfície melhorada. **Colloids and surfaces, 37(1), 211-222(1988).**

**22** Asakwa T., Orino k. e Yamabe k., Adsorção de fenol em negro de fumo de superfície modificada a partir da sua solução aquosa.II influência da estrutura química da superfície do carbono na adsorção de fenol. ***Bull.chem.soc.jap, 58(7), 2009-2014(1985).***

**23** Zawadzki J., estudos de infravermelhos de compostos aromáticos adsorvidos na superfície de filmes de carbono. ***Carbono, 26(5), 603-611(1988).***

**24** Munaf E,Zein R,Kurniadi R and Kurniadi I (1997) The Use of rice husk for removal of phenol from wastewater as studied using 4-aminoantipyrine spectrophotmetric method.***Environ.technol.18(3) 355-358.***

**25** Bertoncini C, Raffaelli J, Fassino L, Odetti HS e Botani EJ (2003) Adsorção de fenol em carvões porosos e não porosos. ***Carbono 41 (6) 1101-1111.***

**26** Khalid M,Joly G,Renaud A and Magnoux P (2004) Removal of Phenol from water by adsorption using zeolites.***Ind.Eng.Chem.res.43 5275-5280.***

**27** Aksu Z (2005) Application of biosorption for the removal of organic pollutants: **A review. Process Biochem 40 997-1026.**

**28** Denizli A, Cihanger N,Tuzmen N and Alsancak G (2005) Removal of chlorophenols from aquatic systems using the dried and dead fungus ***Pleurotus sajor caju.***

***Bioresour. Technol. 96 (1) 59-62.***

**29** Garcia-Araya JF, Beltran FJ, Alvarez P e Masa FJ (2003) adsorção em carvão ativado de alguns compostos fenólicos presentes em águas residuais agro-industriais. ***Adsorção 9(1)107-115.***

**30** Nouri S,Hagheresht F e Max LU GQ (2002) Comparação da capacidade de adsorção de p-cresol e p-nitrofenol por carbano ativado em soluto simples e duplo. ***Adsorção 8(3)215-223.***

**31** Hanna K, Beurroies I, Denoyerl R, Desplantier-Giscard D, Galarneu A e Direnzo F (2002) sorption of hydrophobic molecules by organic/inorganic mesostructure. ***j. colloid Interface sci.252 276-283***

***32*** Atun G (1992) A adsorção de nitrofenóis num adsorvente especial preparado a partir de pó de vidro. ***Spectrosc. Lett.1992 25 (5) 741-756***

**33** Wagner K e Schultz S (2001) adsorção de fenol, clorofenol e dihidroxibenzenos em resinas poliméricas não funcionalizadas a temperaturas de 294,15 K a 318,15 k. **j.Chem.Eng.data46 322-330.**

**34** Abburi K (2003) Adsorção de fenol e *p-clorofenol* das suas soluções simples e bissolutas na resina Amberlite XAD-16. ***J. Hazard. Mater. 105 143-156.***

**35** Akgerman A e Zardkoohi M (1996) Adsorção de compostos fenólicos em cinzas volantes. ***J.chemEng.data.41185-187.***

**36** Kao PN, Tzeng JH e Huang TL (2000) Remoção de clorofenóis de soluções aquosas por cinzas volantes. ***Hazard.Mater.76 237- 249.***

*37* Sarkar M and Acharya KP and Bhattacharya B (2005) Removal characteristics of some priority organic pollutants from water in a fixed bed fly ash column.

*J.chem.technol.Biotechnol.80 1349-1355.*

**38** Srivastava, V.C., Swammy, M. M., Mall, I.D., Prasad, B. e Mishra, I.M. (2006). Adsorptive removal of Phenol by Bagasse flies ash and activated carbon: equilibrium, kinetics and thermodynamics: Colloids Surf. ***A Physicochem Eng. Aspects. 272: 89 - 104***

**39** Viraraghavan T e Alfaro F (1998) adsorção de fenol de águas residuais por turfa, cinzas volantes e bentonite, **J.hazard.mater 57 59-70.**

**40** *Allen SJ (1987) Equilibrium adsorption isothers for peat.* ***Combustível 6611691175.***

**41** Barhoumi M, Beurroies I, Denoyel R, Said H e Hanna K (2003) Coadsorção de alquilfenóis e tensioactivos não iónicos na caulinite. ***Colloids SurfA. 219 25-33.***

**42** Koh S e Dixon JB (2001) Preparação e aplicação de organo-minerais como adsorventes de fenol, benzeno e tolueno. ***ApplClay Sci.18111-122.***

**43** Sismanoglu T e Pura S,(2001)Adsorção de nitrofenóis aquosos em coloides de clinoptilolite surf. ***A.1801-2.***

**44** Bayat, estudo comparativo das propriedades de adsorção das cinzas volantes turcas 1. O caso do níquel (II) e do zinco (II).J. hazard. Mater, B95, 251-273(2002) e o caso do crómio (VI) e do cádmio (II).J. hazard. Mater, ***B95, 275-290 (2002).***

**45** Gangolin, Markey DC e Thodos G (1975) removal of heavy Metals Ions from Aqueous Solutions with fly ash in: proc.2nd Nat. Conf, sobre reutilização completa da água: A interface da água com a energia, o ar e os sólidos. ***Chicago, IL.AIChE3 270-275.***

**46** Bayat A& B., estudo comparativo das propriedades de adsorção das cinzas volantes turcas 1. O caso do níquel (II) e do zinco (II).J. hazard. Mater, B95, 251-

273(2002a). O caso do crómio (VI) e do cádmio (II).J. hazard. Mater, **B95, 275-290 (2002b)**

**47** Alinnor i.j., Adsorption of heavy metal ions from aqueous solution by fly ash.***Fuel, 86,853-857 (2007).***

**48** Mavros P., Zouboulis a.I. e Lazaridis N.k., Remoção de iões metálicos de águas residuais. O caso do níquel. ***EnvironZTechnol, 14, 83-91(1993).***

**49** Weng C.H. e Huang C. P.(1994). "Caraterísticas de adsorção de Zn (ll) de solução aquosa diluída por cinzas volantes", Colloids and Surfaces ***A: Aspectos Físico-Químicos, Eng. Aspectos, 247pp. 137-143.***

**50** Heecham C, dalyoung O.e Kwanho K., um estudo sobre a remoção de caraterísticas dos metais pesados de uma solução aquosa por cinzas volantes. J Hazard. Mater, B ***127,187-195 (2005).***

**51** Kumari K., Singh R.P. e Saxena S.K., adsorption thermodynamics or carbofuran on fly ash. Colloids and surface, ***33,556-61 (1988).***

CAPÍTULO-2

# MATERIAIS E MÉTODOS

PREPARAÇÃO DE SOLUÇÕES QUÍMICAS E REAGENTES, EQUIPAMENTO UTILIZADO PARA MEDIÇÃO, CURVA DE CALIBRAÇÃO, COMPOSIÇÃO DE CINZAS VOLANTES, XRD E FTIR DE CINZAS VOLANTES, PROPRIEDADES DE CINZAS VOLANTES, ISOTERMA DE FREUNDLICH FORAM DESCRITOS.

O capítulo Material e Método inclui os pormenores dos vários produtos químicos e reagentes utilizados, o equipamento e o procedimento analítico de adsorção, o tratamento da absorvância para o transporte de cinzas volantes em solução de fenilo adotado para a análise da adsorção, o método de estudo da equação de modelação do ensino, a curva de calibração, etc., também foram descritos neste capítulo. A utilização de cinzas volantes é recolhida em DCM. Kota.

## Produtos químicos e reagentes-

1. Destilar água
2. Fenil
3. Cinzas volantes

## Preparação da solução

Foram preparadas as seguintes soluções-padrão para calibrar a experiência. Preparou-se uma solução-mãe de 1000 ml de fenil comercial dissolvendo 1 ml de fenil comercial em 999 ml de água destilada. Foram preparadas outras soluções-padrão de força desértica diluindo a solução-mãe de 1000 ml.

## EQUIPAMENTOS

O equipamento utilizado e o seu funcionamento são discutidos neste capítulo. Foram descritos os pormenores da marca, as especificações e os procedimentos de trabalho.

## A. ESPECTROFOTÓMETRO U.V. VIS

### *INTRODUÇÃO*

É utilizado um espetrofotómetro UV-Vis LABINDIA [Tipo 3000+] para medir a absorvância. O espetrofotómetro é um instrumento de boa resolução, de feixe duplo. Instrumento manual fiável e versátil para estudos espectrométricos de absorção quantitativos e qualitativos. UV3000+ UV-Vis feixe duplo com células de quartzo de 1c.m., foi utilizado para a medição espetral. UV 3000+ com largura de banda de 1nm, precisão de comprimento de onda de 0,5T%. Foi utilizado o software UV win.

**Diagrama-2.1 ESPECTROFOTOMETRO UV- VIS [TYPE-3000 ]+**

Tipo de instrumento : UV-3000 +

Sistema ótico : feixe duplo com Automático
8 Trocador de células

Monocromador : Grelha holográfica em
Montagem do torneiro Czerny

Largura de banda espetral : 0,5, 1, 2,5nm Variável

Modo de funcionamento : Autónomo (Modo MPU)/PC
Controlado (Modo Pc)

Suporte de software : Plataforma de software MPU/UV
ganha software

Gama de comprimentos de onda : 190-1100 nm

Comprimento de onda Ecrã : Incremento de 0,01nm (com
Software UV/win Pc)

Definição do comprimento de onda : Incremento de 0,01nm (com
Software UV/win)

Precisão do comprimento de onda : + 0,1 nm no pico D2 656,1 nm
+ 0,3nm para toda a gama

Reprodutibilidade do comprimento de onda : 0,1 nm

Luz difusa : < 0,02%T (340nm, NaNo )$_2$

< 0,95t (198nm, Kcl)

Modo fotométrico : Transmitância, Absorbância,
Energia, concentração

Gama fotométrica : - 0,3-3 abs

Precisão fotométrica : + 0,002 Abs (0-0,5A)
+ 0,004 Abs (0,5-1A)
+0,3% T (0-100%T)

Reprodutibilidade fotométrica : 0,001 Abs (0-0,5A)
0,002 Abs (0,5-1A)
0,15 % T (0-100%T)

Nivelamento da linha de base : + 0,0015 Abs (190-1100nm)

Estabilidade de base : 0,004Abs/h (500nm, 0,0
abs, 2nm espetral e
largura, 2 horas de aquecimento)

Nível Naise :0,00005 abs RMs válvula@500nm

Medição de ADN/ARN : incluído

Dimensão : 540mmL x 440mmD x 390mmH

Peso

: 36 Kg.

## PROCEDIMENTO DE FUNCIONAMENTO

1. Cabo de alimentação ligado na parte posterior do instrumento a uma tomada de alimentação eléctrica adequada.

2. Para funcionamento na região UV (240 nm)

(a) A fonte de UV não é ligada/desligada frequentemente. É permitido um intervalo mínimo de meia hora entre duas ignições consecutivas.

(b) O seletor de fonte é rodado para a posição UV.

(c) A fonte UV inferior é premida, o LED verde adjacente brilha e a lâmpada de deutério acende-se automaticamente em cerca de 40 segundos.

3. Seleção do filtro: - O filtro está definido no filtro 42.

4. % T medida-

(a) O comprimento de onda é definido no contador digital, ou seja, 240 nm.

(b) As cuvetes são enchidas com as soluções de referência adequadas para o branco/ensaio e colocadas no suporte de cuvetes. As soluções são enchidas até 3/4 da altura da cuvete$^{th}$

(c) O zero é então ajustado; o espetrofotómetro é mantido a 100% T FINE Controlo no sentido dos ponteiros do relógio e Controlo COARSE na posição alta. Enquanto o modo Ajuste de Zero % estiver selecionado e a roda do filtro estiver na posição

1 (Escuro)

(d) A célula da solução de referência é colocada no trajeto da luz. A leitura do visor é então ajustada para perto de 100% T com a ajuda do interrutor de controlo

COARSE, com precisão de 100% T com a ajuda do controlo FINE.

(e) Os passos c) e d) são repetidos duas ou três vezes para garantir que tanto o zero como o 100% T são estáveis.

(f) O modo de absorção é selecionado sem distribuir qualquer ajuste. A célula da solução de teste é colocada na trajetória da luz. As válvulas de absorvância são apresentadas no ecrã.

A = 2-log%T

## CUIDADOS E PRECAUÇÕES

(a) O espetrofotómetro não está sujeito a qualquer choque mecânico.

(b) Apenas são utilizadas cuvetes de fósforo.

(c) O comprimento de onda é selecionado apenas na direção de encaminhamento.

## *CUIDADOS A TER NA LIMPEZA DAS CUVETES*

Estas cuvetes são limpas periodicamente sempre que são utilizados materiais corrosivos para evitar a deterioração.

(a) A água redestilada é utilizada como solução de referência.

(b) Para depósitos difíceis, pode ser utilizada uma solução feita de partes iguais de etanol e HCI 3N.

(c) Para secar as células demasiado cheias, utilizar apenas um pano macio ou papel de seda.

5. a) As células são removidas após a experiência

(b) As celas são limpas regularmente.

(c) O obturador é fechado após a experiência.

## B. BALANÇA ELECTRÓNICA

A balança eletrónica Shimadzu AX 200 foi utilizada para pesar os produtos químicos.

A contagem mínima de equilíbrio é de 0,0001 mg.

### C. AGITADORES MAGNÉTICOS

O agitador de placa quente Rami 2H foi utilizado para agitar magnéticamente a suspensão de cinzas volantes a uma rpm adequada. Equipado com um controlo de temperatura de estado térmico para um controlo preciso da temperatura da superfície da placa quente até 300° C. Placa quente revestida a cerâmica para resistência química. Um dispositivo que utiliza um campo magnético rotativo para fazer girar muito rapidamente uma barra de agitação imersa num líquido.

### D. VEÍCULOS DE PROVA

Foram utilizadas peneiras de teste de tamanho de partícula de 500 μ a 50 mμ para separar as partículas de cinzas volantes em diferentes gamas de tamanhos.

### E. PAPEL DE FILTRO WHATMANN

O papel de filtro Whatmann n.º 42, com um tamanho de 125 nm, é utilizado para filtrar as cinzas volantes.

### F. MICROSCÓPIO ELECTRÓNICO DE VARRIMENTO (SEM)

Os estudos morfológicos foram efectuados no microscópio eletrónico de varrimento jeol SEM TMp no SAIF, Universidade de Punjab, Chandigarh

## Experiência

3

Foram colocadas porções de 0,5 g de cinzas volantes em diferentes frascos de Erlenmeyer. Foram adicionados 100 cm de solução de fenilo a cada frasco com diferentes concentrações. O frasco contendo cinzas volantes e fenilo foi agitado num banho de água durante diferentes períodos de tempo a $30^0$ C utilizando um agitador magnético. A pasta formada foi então filtrada com papel de filtro normal. O filtrado límpido foi então analisado quanto ao teor de fenilo num espetrofotómetro com um comprimento de onda de 240 nm. A determinação em branco foi efectuada em condições experimentais semelhantes. A quantidade de fenilo adsorvida pela cinza volante em equilíbrio foi calculada utilizando a seguinte expressão[1] Han et.al., (2006)

$$qe = v(Co\text{-}Ce)/1000m \qquad (2.1)$$

Onde

qe = quantidade de fenol adsorvida no equilíbrio (mg/kg),

V = volume da amostra (ml),

Co = a concentração inicial de fenilo.

Ce = a concentração de fenilo de equilíbrio.

m = peso seco da casca de mandioca.

Os valores de fenilo adsorvidos pela cinza volante em cada ensaio correspondem à média de, pelo menos, três medições2(Alinnor e Ejike, 2007). No final do período de agitação, o fenil adsorvido pela cinza volante foi determinado como descrito acima.

## PREPARAÇÃO DA CURVA DE CALIBRAÇÃO-

As alterações de concentração dos compostos individuais nas soluções foram determinadas por meio de um espetrofotómetro UV-VIS (SQ-4802 Double Beam). As absorvâncias máximas de cada soluto a partir da solução padrão mais elevada preparada foram determinadas utilizando o espetrofotómetro de varrimento nos respectivos comprimentos de onda máximos $\lambda_{max}$ . Os $\lambda_{max}$ utilizados foram 240nm para o fenilo.

O gráfico da curva de calibração da absorvância em função da concentração para todo o padrão mostrou uma gama de trabalho linear. A solução sobrenadante obtida após a adsorção foi também analisada utilizando os mesmos comprimentos de onda.

O valor do coeficiente de correlação determinado para cada uma das isotérmicas de adsorção indica que o modelo de Freundlich se ajusta efetivamente aos dados experimentais.

**Tabela-2.1**

**Concentração v/s Absorvância**

| S.n. | Concentração (em ppm ) | Abs (comprimento de onda 240nm) |
|---|---|---|
| 1 | 0 | 0 |
| 2 | 100 | 0.217 |
| 3 | 300 | 0.663 |
| 4 | 500 | 1.114 |
| 5 | 700 | 1.558 |
| 6 | 900 | 1.993 |
| 7 | 1000 | 2.199 |

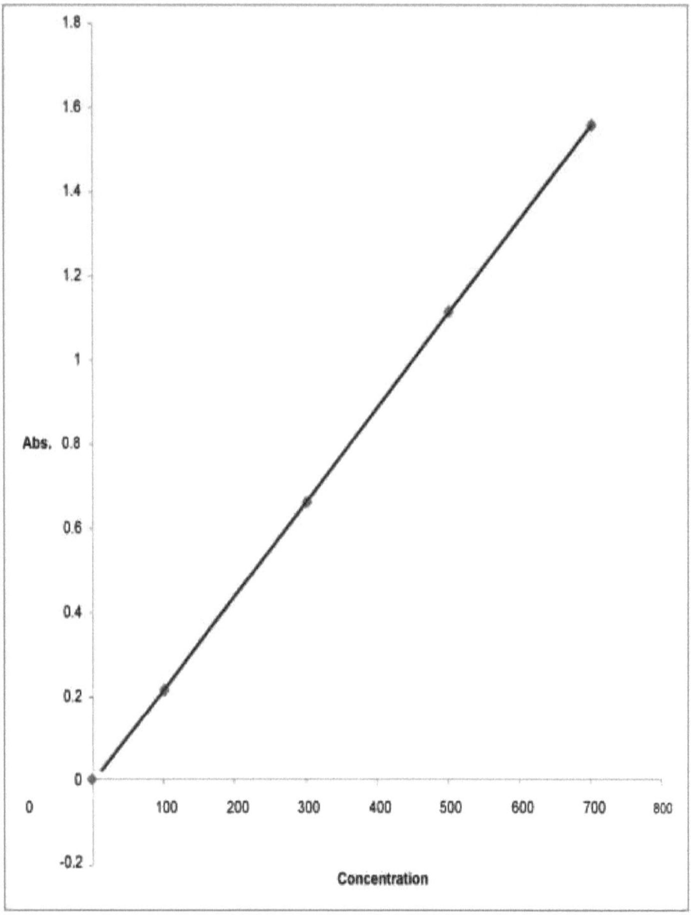


Fig-2.1 CURVA DE CALIBRAÇÃO

## Composição da cinza volante

Na investigação das cinzas volantes, os seguintes compostos estão presentes nas cinzas volantes, em peso e em percentagem.

**Tabela-2.2** Composição química das cinzas volantes determinada pela técnica XRF

| Composição química | Cinzas volantes (%) |
|---|---|
| SiO2 | 63.24 % |
| Al2O3 | 22.63 % |
| Fe2O3 | 4.76 % |
| CaO | 3.60 % |
| K2O | 3.15 % |
| MgO | 1.69 % |
| SO3 | 1.68 % |
| $TiO_2$ | 1.29 % |

Outros compostos-

Cl(0,50%), $Na_2$ O(0,30%), P $O_{25}$ (0,24%), $WO_3$ (0,11%), $ZrO_2$ (0,04%), MnO (0,04%), Cr $O_{23}$ (0,02%), SrO(0,02%), CoO(0,02%), ZnO(0,02%), NiO(0,01%), CuO(97PPM), $Rb_2$ O(86PPM), Br(51PPM), Y $O_{23}$ (49PPM), $SeO_2$ (44PPM), Nb $O_{25}$ (40PPM).

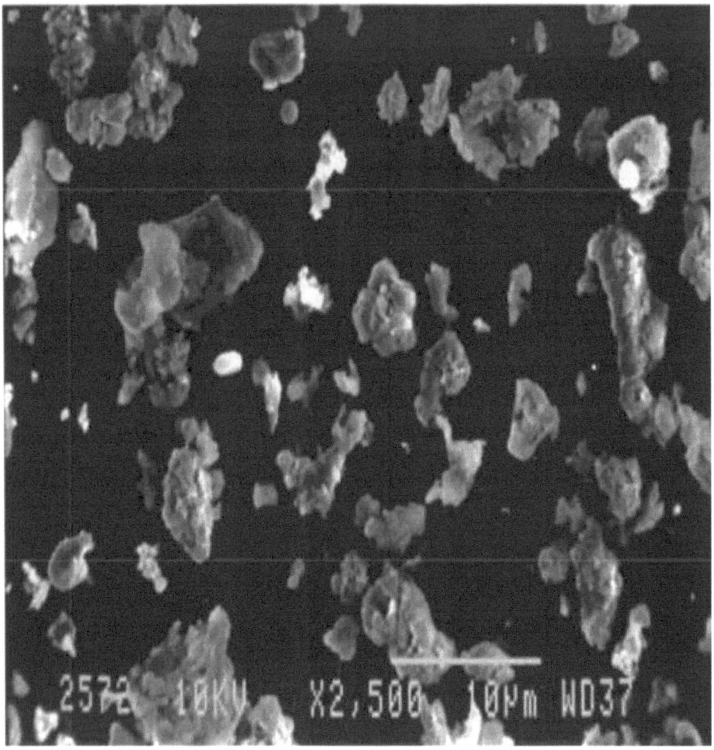


**Fig 2.2- Micrografia SEM de cinzas volantes**

# PORMENOR XRD DAS CINZAS VOLANTES

| Pos. [02Th.] | FWHM [02Th.] | □.Espaçamento [A]0 | Rel.int. [%] | Área [cts*02Th.] | Partículas Tamanho[nm] |
|---|---|---|---|---|---|
| 11.6966 | 0.1171 | 7.56597 | 4.97 | 7.96 | 68 |
| 20.9365 | 0.1004 | 4.24313 | 20.79 | 28.56 | 80 |
| 26.6527 | 0.1338 | 3.33852 | 100.00 | 183.20 | 61 |
| 27.6527 | 0.2007 | 3.22595 | 2.74 | 7.52 | 40 |
| 29.4094 | 0.1338 | 3.03713 | 5.38 | 9.86 | 61 |
| 33.3066 | 0.4015 | 2.69013 | 1.26 | 6.90 | 20 |
| 36.6192 | 0.1004 | 2.45403 | 9.18 | 12.61 | 83 |
| 39.5339 | 0.1171 | 2.27956 | 6.59 | 10.56 | 72 |
| 40.3659 | 0.4015 | 2.23448 | 1.66 | 9.11 | 21 |
| 42.5107 | 0.2007 | 2.12657 | 3.16 | 8.68 | 42 |
| 45.9194 | 0.2007 | 1.97634 | 2.13 | 5.84 | 42 |
| 50.2029 | 0.0836 | 1.81730 | 9.39 | 10.75 | 10 |
| 55.1279 | 0.4015 | 1.66603 | 1.15 | 6.32 | 22 |
| 60.0005 | 0.1338 | 1.54182 | 4.67 | 8.56 | 68 |
| 68.2700 | 0.2676 | 1.37386 | 3.10 | 11.34 | 35 |
| 80.0104 | 0.4896 | 1.19824 | 1.10 | 10.23 | 21 |

# XRD & FTIR DE CINZAS VOLANTES

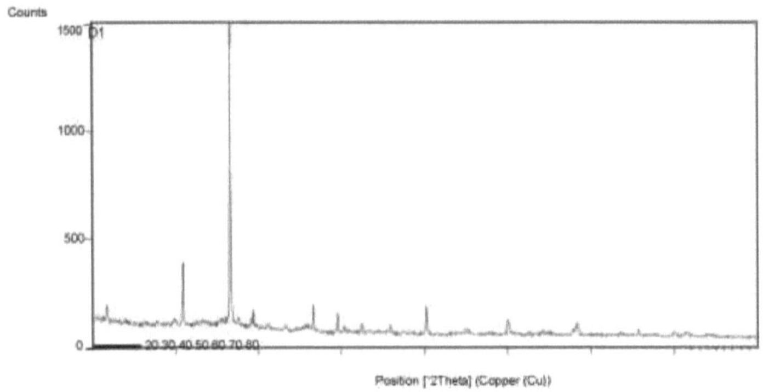


**Fig 2.3 Padrão de difração de raios X da cinza volante**

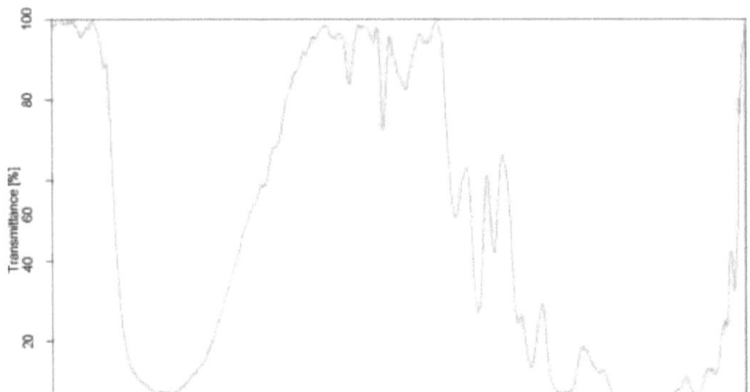


**Fig 2.4 Padrão de espectros FT-IR da cinza volante**

# PROPRIEDADES DAS CINZAS VOLANTES

## Físico

As cinzas volantes são constituídas por partículas finas e pulverulentas, de forma predominantemente esférica, sólidas ou ocas, e de natureza maioritariamente vítrea (amorfa). O material carbonoso nas cinzas volantes é composto por partículas angulares. A distribuição granulométrica da maioria das cinzas volantes de carvão betuminoso é geralmente semelhante à do lodo (menos de 0,075 mm ou peneira nº 200). Embora as cinzas volantes de carvão sub-betuminoso sejam também siltosas, são geralmente ligeiramente mais grosseiras do que as cinzas volantes de carvão betuminoso. A distribuição granulométrica das cinzas volantes brutas está muitas vezes em constante flutuação, devido à alteração do desempenho dos moinhos de carvão e do desempenho das caldeiras. A gravidade específica das cinzas volantes varia normalmente entre 2,1 e 3,0, enquanto a sua área de superfície específica (medida pelo método de permeabilidade ao ar de Blaine) pode variar entre 170 e 1000 mg/kg.

A cor da cinza volante pode variar entre o bronzeado, o cinzento e o preto, dependendo da quantidade de carbono não queimado na cinza. Quanto mais clara for a cor, menor é o teor de carbono. As cinzas volantes de lenhite ou sub-betuminosas são normalmente de cor castanha clara a amarelada, indicando quantidades relativamente baixas de carbono, bem como a presença de alguma cal ou cálcio. As cinzas volantes betuminosas têm normalmente uma tonalidade de cinzento, sendo que os tons de cinzento mais claros indicam geralmente uma qualidade superior das cinzas. A natureza e a composição das cinzas volantes são influenciadas pela origem do carvão e pelas condições de combustão em que se formaram. Por conseguinte, é de esperar que estas cinzas tenham diferentes capacidades de adsorção para a absorção de adsorventes. A capacidade de adsorção da cinza volante utilizada por[3] Sarkar et al. (2005) foi superior à da cinza volante utilizada no presente estudo. Além disso, o resultado também estava em contraste com a descoberta de 4,1

Ahmaruzzaman e Sharma (2005) e isto deve-se ao facto de a cinza volante utilizada na sua investigação ter uma área de superfície específica mais elevada.

## *Química*

As propriedades químicas das cinzas volantes são influenciadas em grande medida pelas propriedades do carvão queimado e pelas técnicas utilizadas para o seu manuseamento e armazenamento. Existem basicamente quatro tipos, ou categorias, de carvão, cada um dos quais varia em termos de poder calorífico, composição química, teor de cinzas e origem geológica. Os quatro tipos, ou categorias, de hulha são a antracite, a betuminosa, a sub-betuminosa e a lenhite. Para além de serem manuseadas na forma seca, condicionada ou húmida, as cinzas volantes são também, por vezes, classificadas de acordo com o tipo de carvão de que provêm.

Os principais componentes das cinzas volantes de carvão betuminoso são a sílica, a alumina, o óxido de ferro e o cálcio, com quantidades variáveis de carbono, medidas pela perda por ignição (LOI).

O LOI das cinzas volantes deve ser inferior a 6 %. As cinzas volantes de lenhite e de carvão sub-betuminoso são caracterizadas por concentrações mais elevadas de óxido de cálcio e de magnésio e por percentagens reduzidas de sílica e de óxido de ferro, bem como por um teor de carbono mais baixo, em comparação com as cinzas volantes de carvão betuminoso. A queima de carvão antracite em caldeiras de serviços públicos é muito reduzida, pelo que existem apenas pequenas quantidades de cinzas volantes de carvão antracite.

São constituídos principalmente por dióxido de silício ($SiO_2$), que se apresenta sob duas formas: amorfa, arredondada e lisa, e cristalina, afiada, pontiaguda e perigosa; óxido de alumínio ($Al_2O_3$) e óxido de ferro ($Fe_2O_3$).

## ISOTÉRMICA DE FREUNDLICH

As isotérmicas de Freundlich foram desenvolvidas utilizando a equação de Freundlich linearizada. A isotérmica de adsorção de Freundlich pode ser escrita na forma

$$\text{Log } qe = \log K + 1/n \log Cf \qquad (2.2)$$

Onde:-

qe= A massa de contaminante adsorvido por unidade de massa.

K= capacidade de adsorção, constante de Freundlich

n = força de adsorção, constante de Freundlich

Cf = Concentração final do contaminante

O termo qe foi determinado tomando a diferença na concentração inicial e final do contaminante alvo em cada isotérmica e dividindo-a pela massa de cinza volante adicionada ao sistema. Todas as alterações na concentração do alvo foram atribuídas à adsorção na cinza volante. O log qe foi representado graficamente em função do log Cf para desenvolver o gráfico da isoterma de Freundlich. Uma linha de tendência linear foi adicionada ao gráfico usando o Microsoft Excel, a partir do qual o declive e a interceção Y foram determinados. O declive representa a válvula para 1/n e a interceção y representa a válvula tomada como k.

A isotérmica de Freundlich prevê que a concentração de adsorvato na superfície de um adsorvente aumentará quando houver um aumento na concentração inicial de adsorvato na solução aquosa. Os dados experimentais obtidos são representados como log Qe verso log Ce, para obter as constantes Kf e 1/n. A constante Kf é uma medida comparativa da capacidade de adsorção do adsorvente, enquanto n é uma constante empírica. A magnitude de n dá uma indicação da favorabilidade do sistema adsorvente/adsorvato. Um valor de $n>1$ significa que o soluto tem uma baixa afinidade para o adsorvente a baixa concentração. Da mesma forma, um valor de $n<1$ é uma indicação de adsorção favorável e de uma elevada afinidade entre o soluto e a fase sólida.

# REFERÊNCIA

1 . Han R; Wng y; han P; shi j; Yang J, e Lu Y (2006)." Remoção de azul de metileno de uma solução aquosa por palha em modo descontínuo". **J.Hazard Mater. B137, pp. 550-557**

2 . Alinnor i.j., Adsorção de iões de metais pesados de uma solução aquosa por cinzas volantes.**Fuel, 86, 853-857(2007)**

3 Sarkar M e Acharya KP e Bhattacharya B (2005) Caraterísticas de remoção de alguns poluentes orgânicos prioritários da água numa coluna de cinzas volantes de leito fixo. **J.chem.technol Biotechnol.80 1349-1355.**

4 Ahmaruzzaman M e Sharma DK (2005) adsorção de fenóis de águas residuais. **J.Colloid Interface Sci. 287 14-24.**

CAPÍTULO-3

# RESULTADOS E DISCUSSÃO

O presente capítulo descreve os resultados da remoção de água contaminada com fenilo através de cinzas volantes recolhidas em DCM. Kota.

Os resultados são apresentados em termos de remoção de fenilo. Os efeitos da concentração inicial de fenilo, da quantidade de cinzas volantes e do tempo de contacto foram investigados para a remoção de fenilo. As concentrações de fenilo adsorvido e não absorvido são estimadas para cada solução experimental.

## 1. EFEITO DA CONCENTRAÇÃO INICIAL DE FENILO

A influência da concentração inicial na remoção de fenil por amostras de cinzas volantes foi estudada a uma concentração inicial de 100-200mg/l e o resultado é apresentado na fig.3.1

**Tabela - 3.1 Efeito da concentração inicial na adsorção de fenilo a partir da solução**

| Concentração absorvida (Ce) | Abs. (X) |
|---|---|
| 0 | 0 |
| 41.19 | 0.109 |
| 60.35 | 0.156 |
| 80.18 | 0.203 |
| 101.02 | 0.251 |
| 120.13 | 0.295 |
| 127.42 | 0.311 |

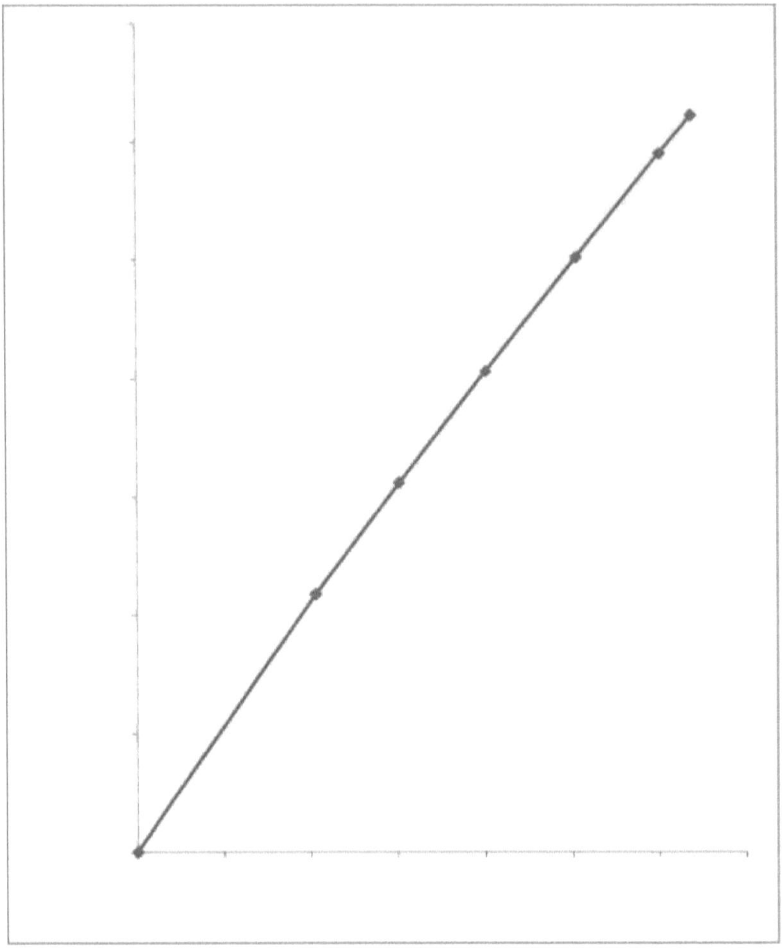

**Fig 3.1** Efeito **da concentração inicial na adsorção de fenilo a partir da solução**

A Fig. 3.1 mostra que a capacidade de adsorção do fenilo na adsorção aumenta com o aumento da concentração de fenilo. O aumento da capacidade de adsorção com o aumento da concentração do composto de fenilo pode dever-se a uma maior probabilidade de colisão entre o composto de fenilo e a superfície do adsorvente. [1]Noeline et.al. (2005), a solubilidade e a natureza do adsorvente desempenham um papel importante na determinação do $k^a$

papel significativo na adsorção . Uma diminuição da solubilidade em solubilidade e P
está associada a um aumento da capacidade de adsorção. Este facto está de acordo com a observação de[2] Hamdaoui e Naffrechoux, (2007) que atribuíram um maior peso molecular do fenilo e uma maior área de secção transversal.

## 2 . EFEITO DO TEMPO DE CONTACTO

Para determinar o tempo de adsorção de equilíbrio, o período de interação do fenilo na cinza volante em pó foi variado e a percentagem de adsorção foi representada para diferentes intervalos de tempo. Verificou-se que, na fase inicial, a taxa de adsorção do fenilo é bastante elevada e atinge um máximo após 10 minutos, que não aumenta com o decorrer do tempo (fig.3.2).

**Tabela-3.2** Efeito **do tempo de contacto na percentagem de remoção de** fenilo **da solução**

| Tempo (em min.) | Abs. (%) |
|---|---|
| 0 | 0.812 |
| 5 | 1.567 |
| 10 | 1.723 |
| 15 | 1.575 |
| 20 | 1.435 |
| 25 | 1.314 |

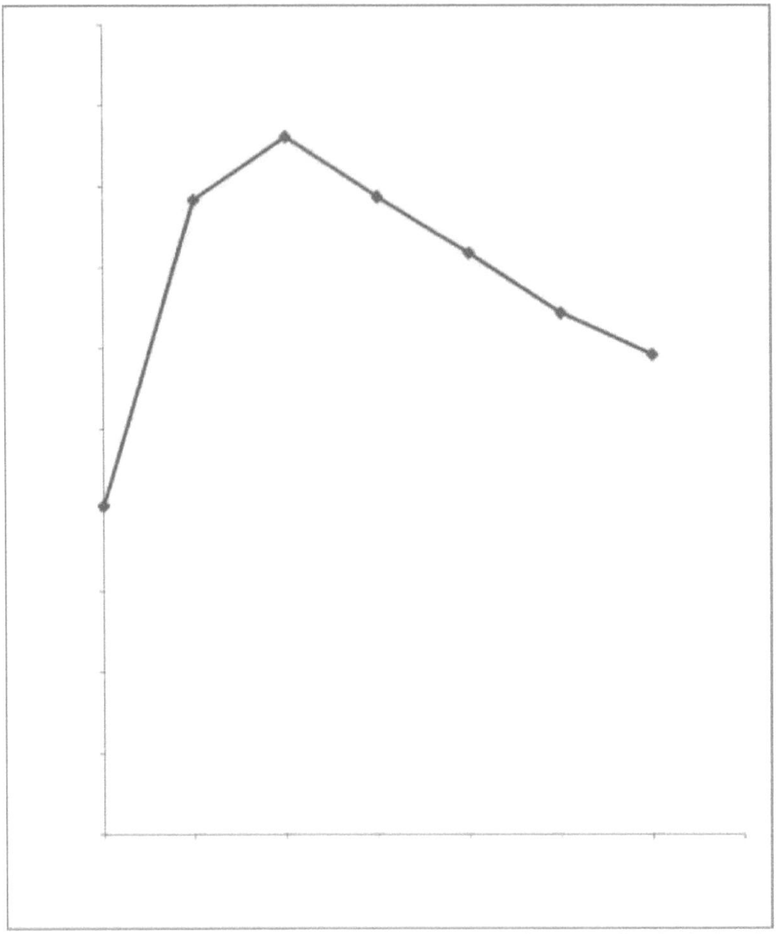

**Fig-3.2** Efeito do tempo de contacto na percentagem de remoção de fenilo da solução

As curvas de saturação aumentam acentuadamente na fase inicial, o que indica que existem muitos sítios facilmente acessíveis. Eventualmente, é atingido um patamar em todas as curvas, indicando que o adsorvente está saturado a este nível 3 4" 5(Vadivelan e Kumar, 2005; uddin et.al. 2007, Nagda et.al.,2000) é encontrada a percentagem de remoção de fenilo neste tempo de equilíbrio (10 min.). É um facto comprovado que o tempo de equilíbrio de adsorção depende do tipo de adsorvente. [6]Kannam e Krauppasmy (1998), utilizando cinzas volantes em pó e pó de serra, obtiveram um tempo de contacto de equilíbrio de adsorção.[7] singh et.al.,(1994) referiram que, para as cinzas volantes impregnadas, a remoção máxima de fenilo foi encontrada no tempo de contacto de[8] Qadeer e Rehan (2002) trabalharam com cinzas volantes e observaram que a adsorção de fenilo era instantânea e atingia o equilíbrio em 5 minutos.

## 3 VARIAÇÃO COM A QUANTIDADE DE ADSORVATO

A determinação da dose óptima é essencial para a otimização do processo de remoção. Observa-se que com um ligeiro aumento da dose de cinzas volantes para uma solução inicial de fenil. Isto pode ser atribuído à diminuição da área de superfície do adsorvente e à disponibilidade de menos

A taxa de adsorção resultante da diminuição da dosagem de adsorvente, tal como observado por Srivastava et.al.,(2006), pode concluir-se que a taxa de ligação do composto fenílico aos adsorventes diminui mais rapidamente nas fases iniciais.

**Tabela 3.3** Efeito das cinzas volantes na remoção percentual de fenil de Solução.

| FRALDA . (em gm.) | Abs. (%) |
|---|---|
| 0 | 0.45 |
| 0.1 | 0.384 |
| 0.2 | 0.32 |
| 0.3 | 0.25 |
| 0.4 | 0.19 |
| 0.5 | 0.13 |
| 0.6 | 0.07 |
| 0.7 | 0.009 |

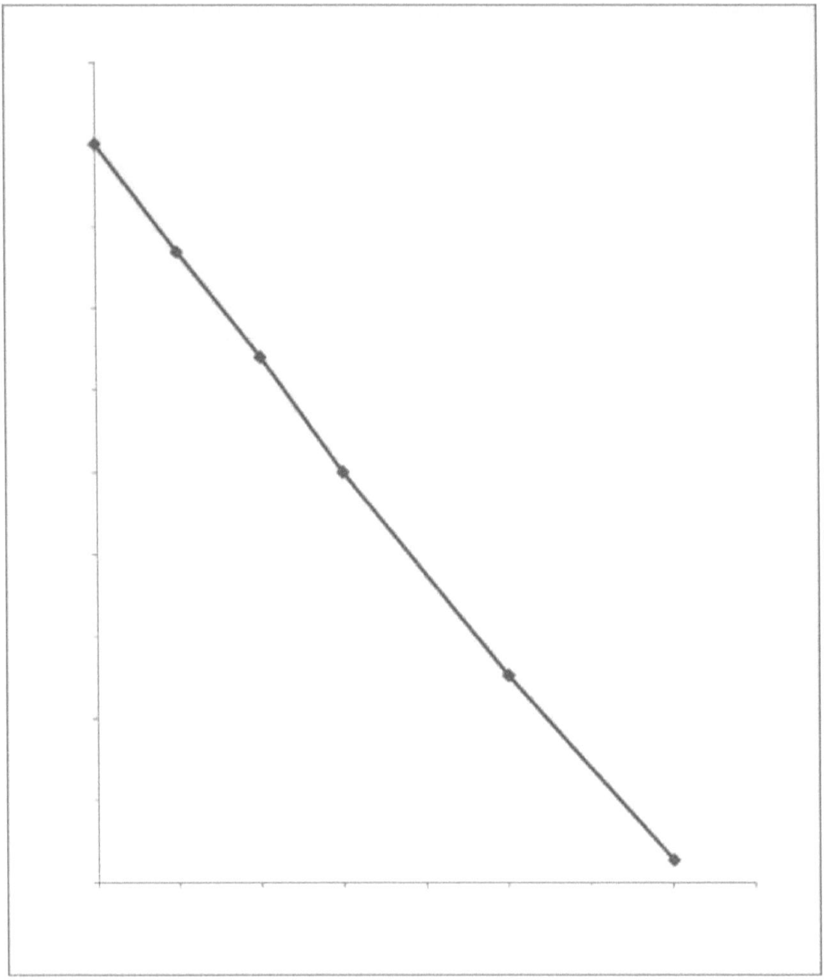

**Fig 3.3** Efeito da cinza volante na remoção percentual de fenil da solução.

## ISOTÉRMICA DE ADSORÇÃO:-

O equilíbrio de sorção fornece dados físico-químicos fundamentais para avaliar a aplicabilidade do processo de sorção como uma operação unitária. No presente estudo, os dados de equilíbrio foram analisados utilizando o método da isoterma de Freundlich. Para facilitar a estimativa das capacidades de sorção, os dados experimentais da concentração inicial foram ajustados à isotérmica de adsorção de equilíbrio de Freundlich. A fim de facilitar a estimativa das capacidades de adsorção em várias condições.

Os dados experimentais de equilíbrio foram também analisados utilizando os modelos de isoterma de Freundlich. A isotérmica de Freundlich foi adaptada para caraterizar a intensidade de adsorção do fenilo, ajustando os dados experimentais. A forma linearizada da equação de Freundlich é

$$\text{Log } q_e = \text{Log } K_F + 1/n \log C_e \qquad (3.1)$$

Onde qe é a capacidade de adsorção (mg/g), Ce é a concentração do adsorvente em solução no equilíbrio (mg/dm3), Kf e n são as constantes de Freundlich. Se um gráfico de log qe contra log Ce produzir uma linha reta, então o processo de sorção obedece a uma adsorção de Freundlich. O Kf e 1/n podem ser obtidos a partir da interceção e do declive da reta. A isotérmica de adsorção de Freundlich linearizada do fenilo numa cinza volante é apresentada na fig.3.4

**Tabela-3.4**

CAPACIDADE DE ADSORÇÃO E CONCENTRAÇÃO DO ADSORVENTE

| log Ce | log qe |
|---|---|
| 1.61479 | -0.9625 |
| 1.780677 | -0.80687 |
| 1.90406 | -0.6925 |
| 2.0044 | -0.60033 |
| 2.07965 | -0.53018 |
| 2.10523 | -0.50723 |

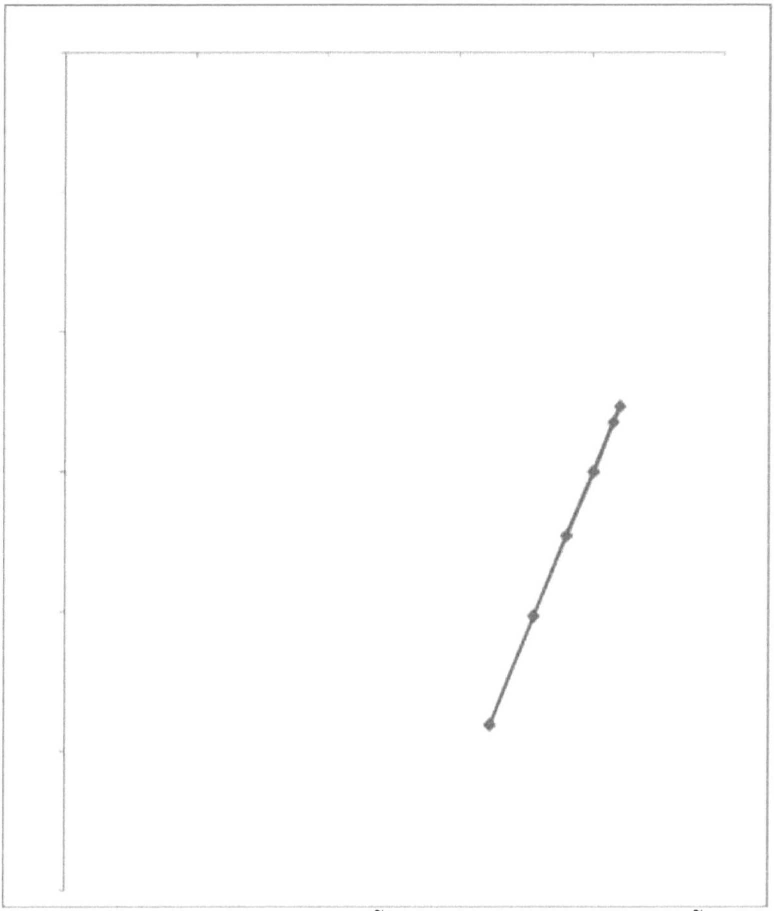

**Fig 3.4** CAPACIDADE DE ADSORÇÃO [$q_e$ ] & CONCENTRAÇÃO DO ADSORVENTE [$C_e$ ] As válvulas do coeficiente de determinação ($R^2$ ) indicam o poder explicativo do modelo. Quanto mais próximo da unidade for o valor de $R^2$ , mais se considera que o modelo estimado é capaz de governar o conjunto de dados. As válvulas $R^2$ mais baixas foram obtidas para o fenilo na isotérmica de Freundlich. Observações semelhantes foram registadas por[10,11,12] (Aktas e Cecen,2007;Mahvi et al.,2004 e dursun e Kalayei 2005). O valor mais elevado de Kf, a constante de Freundlich, revela uma fácil absorção do fenilo a partir de uma solução aquosa[13] (rengaray et al., 2002)

**Tabela-3.5** Válvula da constante de Freundich para adsorção de fenil em cinzas volantes

| Adsorventes/ Adsorvente | Constantes de Freundlich | | |
|---|---|---|---|
| | Capacidade de adsorção Kf (mg/g) | Intensidade de adsorção n(l/mg) | $R^2$ |
| Cinzas volantes | 0.002 | 0.003 | 1 |
| | 0.002 | 0.003 | 1 |
| | 0.002 | 0.005 | 0.99 |
| | 0.002 | 0.005 | 0.99 |
| | 0.002 | 0.006 | 0.99 |

A intensidade de adsorção (n) foi mais elevada para o fenilo. A tendência do resultado mostrou que o fenilo, devido à sua maior adsorção em cinzas volantes, seria preferencialmente absorvido em vez do fenilo. A intensidade das válvulas de adsorção obtidas para o fenilo em cinzas volantes é superior aos resultados de 14sarkar et.al.,(2006) para o fenilo em cinzas volantes e[11] Mahvi et.al.,(2004) em casca de arroz.

# REFERÊNCIA-


1. Noeline, B. F., Monahor, D. M. e Anirudhan, T.S. (2005). Cinética e equilíbrio de cinzas volantes. **Indian J. Environ, Health 19 (3): 224-237**

2. Hamdaoui, O. e Naffrechoux, S. (2007).Modelação de isotérmicas de adsorção de fenol e clorofenol em carvão ativado granulado. Parte 1, modelos de dois parâmetros e equações após a determinação dos parâmetros termodinâmicos. **Journal of Hazardous Materials (147) 381394.**

3. Vadivelan, V. A. e Kumar, K.V. (2005). Equilíbrio, cinética, mecanismo e projeto de processo para a sorção de azul de metileno em casca de arroz. **J. Colloid and Interface Science. Vol. 286. Pp.90- 100.**

4. Uddin, M., Islam, M. e Abedin, M. (2007). Adsorção de fenol de uma solução aquosa por jacinto de água. **ARPN Journal of Engineering and Applied Sciences, 2, 11 - 16.**

5. Nagda. G., Diwan, M. e Ghole, S. (2007). Potencial dos resíduos de folhas de Tendu para a remoção de fenol em sistemas aquosos. **Ecologia aplicada e investigação ambiental, 5 (2): 1- 9.**

6. Kannam, N. e Krauppasmy, K. (1998). Adsorventes de baixo custo para a remoção de ácido fenólico de uma solução aquosa. **Indian Journal of Environmental Protection, 18 (9): 683.**

7. Singh, B., Mish, N e Rawal, N. (1994). Caraterísticas de sorção de fenóis em cinzas volantes e cinzas volantes impregnadas. **Indian J. Environ. Health. 38 (1):1**

8. Qadeer, R. e Rehan, H. (2002). Um estudo da adsorção de fenol em carvão ativado a partir de soluções aquosas. **Turk. J. Chem.26: 357- 361**.

9. Srivastava, V.C., Swammy, M. M., Mall, I.D., Prasad, B. e Mishra, I.M. (2006). Adsorptive removal of Phenol by Bagasse flies ash and activated carbon: equilibrium, kinetics and thermodynamics: **Colloids Surf.** ***A Physicochem Eng. Aspects. 272: 89 -104***

10. Aktas, O. e Cecen, F. (2006).Efeito da ativação do carbono na adsorção e sua reversibilidade. **Jornal de Tecnologia Química e Biotecnologia, Vol 81, 94 -101**

11. Mahvi, A., Maleki, A. e Eslami, A. (2004). Potencial da casca de arroz e da cinza de casca de

arroz para a remoção de fenol num sistema aquoso. **American Journal of Applied Sciences, 1 (4): 321-326.**

**12.** Dursun e Kalayei 2005.Dursun, A. e Kalayei, S. (2005). Estudos de equilíbrio, cinéticos e termodinâmicos sobre a adsorção de fenol em **quitina, J. of Hazardous Materials B123pp, 151-157.**

**13.** Rengaraj, S., Seung-Hyeon, M. e Sivabalm, S. (2002). Resíduos sólidos agrícolas para a remoção de substâncias orgânicas: adsorção de fenol da água e de águas residuais por carvão ativado de sementes de palma. **Waste Management, 22: 543 - 548.**

**14.** SARKAR A, BASSU AK, UDAYBHANU G e RANOR (2006) A comprehensive characterization of fly ash from a thermal power plant in **Eastern India fuel.87 259-277.**

**CAPÍTULO-4**

# CONCLUSÃO



Este estudo indica que a experiência de adsorção é um processo físico. Isto significa que o processo de adsorção obtido é um processo de separação física e que o fenilo adsorvido é simples mas eficazmente removido da solução aquosa (uma fase) e transferido para as cinzas volantes (outra fase), que contêm agora o fenilo. Neste caso, as caraterísticas químicas do fenilo adsorvido não se alteraram; por conseguinte, a utilização da técnica de adsorção na remoção do fenilo de uma solução aquosa está associada à sua remoção da solução aquosa e à sua transferência para as cinzas volantes. A cinza volante é capaz de remover o fenilo de uma solução aquosa. A adsorção do fenilo à cinza volante ajusta-se melhor à isotérmica de Freundlich.

MIX
Papier aus verantwortungsvollen Quellen
Paper from responsible sources
FSC® C105338

Printed by Books on Demand GmbH, Norderstedt / Germany